Sitzungsberichte
der Akademie der Wissenschaften
der DDR
Mathematik – Naturwissenschaften – Technik

5 N
1983

Georg Müller

Die Bedeutung der vitalen und postmortalen organischen Bodensubstanz aus der Sicht der Bodenfruchtbarkeit und des Bodenschutzes

AKADEMIE-VERLAG · BERLIN

Sitzungsberichte
der Akademie der Wissenschaften
der DDR
Mathematik — Naturwissenschaften — Technik

Jahrgang 1983 · Nr. 5/N

Georg Müller

Die Bedeutung der vitalen und postmortalen organischen Bodensubstanz aus der Sicht der Bodenfruchtbarkeit und des Bodenschutzes

AKADEMIE-VERLAG · BERLIN
1983

Vortrag von Prof. Dr. sc. Dr. h. c. mult. Georg Müller,
Martin-Luther-Universität Halle,
gehalten vor der Klasse Umweltschutz und Umweltgestaltung
am 29. 4. 1982

Herausgegeben im Auftrage
des Präsidenten der Akademie
der Wissenschaften der DDR
von Vizepräsident Prof. Dr. Heinrich Scheel

ISSN 0138—3956
Erschienen im Akademie-Verlag, DDR-1086 Berlin, Leipziger Str. 3—4

Lizenznummer: 202 · 100/67/83
Gesamtherstellung: VEB Druckhaus Köthen
Bestellnummer: 763 267 0 (2010/83/5/N) · LSV 4115
Printed in GDR
DDR 2,— M

Die Bedeutung der organischen Bodensubstanz war bereits bei den verdienstvollen Begründern der wissenschaftlichen Bodenkunde und der Pflanzenernährung, bei A. D. THAER — der die sog. „Humustheorie" entwickelte — und J. v. LIEBIG — der die sog. „Mineralstofftheorie" vertrat —, eine umstrittene Frage. Aus heutiger Sicht ist zu sagen, daß wegen der jeweils etwas einseitigen Betrachtungsweise bereits der Keim einer subjektiven Fehleinschätzung enthalten war. Obwohl sich seit dieser Zeit, Dank der Entwicklung der exakten Naturwissenschaften, auch bei der Beurteilung der organischen Bodensubstanz große Fortschritte ergeben haben, gibt es nach wie vor berechtigte, aber auch unberechtigte Zweifel in der sachkundigen Beurteilung der aufgezeigten Fragestellung.

Ich möchte mich hier nicht mit den hin und wieder geäußerten unwissenschaftlich-mystizistischen Vorstellungen der sog. biologisch-dynamischen oder der alternativen oder der ökologischen oder der grünen Landwirte und ihren Wirtschaftsweisen im kapitalistischen Ausland auseinandersetzen, sondern den wissenschaftlich untermauerten gegenwärtigen Erkenntnisstand über die organische Bodensubstanz aufzeigen. Während man bisher unter dem Begriff „organische Bodensubstanz" nur den Humus, d. h. nur den postmortalen Anteil der organischen Bodensubstanz verstanden hat, wird heute auch der vitale Anteil, d. h. die autochthonen Bodenorganismen — das Edaphon —, in die Definition „organische Bodensubstanz" einbezogen.

Abbildung 1 zeigt die neue Definition und die Gliederung der organischen Bodensubstanz. [1, 2] Wie noch gezeigt werden wird, können nur über diese komplexe Betrachtungsweise Eigenschaften und Bedeutung der organischen Bodensubstanz definitiv beurteilt werden.

Im Vortrag soll der Versuch unternommen werden, aus einer produktionsbiologischen Grundbetrachtung die Herausbildung der Bodenfruchtbarkeit im Wechselspiel mit den Eigenschaften des Edaphons und des Humus sowie mit den Prozessen, die von diesen Substanzen untereinander und mit den übrigen Bodenbestandteilen in Verbindung mit den Maßnahmen der Bodenbewirtschaftung induziert werden, zu beleuchten, damit sachkundige Schlußfolgerungen für eine dauerhaft optimale Ausschöpfung des Ertragsleistungspotentials des Bodens zum Wohle der menschlichen Gesellschaft gezogen werden können.

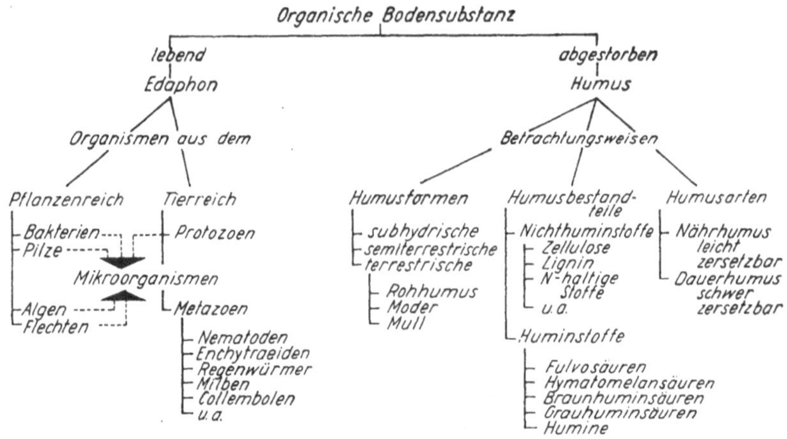

Abb. 1 Gliederung der organischen Bodensubstanz

Eine diesen produktionswirksamen Prozessen und humanistischen Zielstellungen widersprechende Bodenbewirtschaftung ruft im wichtigsten Produktionsmittel der Landwirtschaft, dem Boden, Schäden hervor, die verhindert oder behoben werden müssen.

Während es in früheren Zeiten, z. B. in Südosteuropa, besonders die Flur- und Weideland schädigenden Ziegenherden und in Kanada die Weizenmonokultur waren, so sind es heute oft die nicht sachgemäß durchgeführten Bodenbearbeitungs-, Düngungs- und Fruchtfolgemaßnahmen, welche das Bodenleben und die Humusdynamik und damit auch die Bodenfruchtbarkeit unerwünscht beeinträchtigen und einen Bodenschutz notwendig erscheinen lassen.

Die quantitativen und qualitativen boden- und standortkundlichen Gegebenheiten bezüglich Edaphon und Humus bilden stets die Grundlage für die Beurteilung der aufgezeigten Probleme der Herausbildung, Erhaltung und Mehrung der Bodenfruchtbarkeit.

Genaue Mengenangaben über die in den verschiedenen Böden vorhandenen Bodenorganismen können in Ermangelung von genauen Erfassungsmethoden nur annäherungsweise gegeben werden. Definitiv kann aber gesagt werden, daß fruchtbare Böden stets eine höhere Besiedlungsdichte an autochthonen Bakterien, Pilzen und Kleintieren beherbergen als weniger fruchtbare. Wird, wie oft angegeben [2], die Gesamtmasse der 30 cm tiefen Ackerkrume von 1 ha mit annähernd 4,5 Mill. kg angenommen und enthält 1 g Boden etwa 100 Mill. Bakterien von ungefähr 1 mg, so ergibt sich für einen Hektar die Menge von 450 kg belebter Bakterienmasse. Bei Berücksichtigung der Masse der Pilze, der Algen, der Protozoen und der Kleinarthropoden, dürfte sich diese biologisch sehr aktive Masse noch verdoppeln, so daß in einem Hektar fruchtbaren Ackerbodens mit einer vitalen Organismenmasse von 1000 kg gerechnet werden kann. Beträgt im Republikmaßstab je landwirtschaftlich genutzter Fläche die Besatzdichte an Nutztieren etwa 1 Großvieheinheit (GE = 500 kg) je Hektar, so wird im Boden etwa doppelt so viel Biomasse beherbergt und ernährt, als auf bzw. von dessen Oberfläche.

In jüngster Zeit haben Anderson und Domsch die Menge von Pflanzennährstoffen in der mikrobiellen Biomasse ausgewählter Böden bis 12,5 cm Krumentiefe an Hand der C : N-, C : P-, C : K- und C : Ca-Verhältnisse analysiert. [3] Sie kamen dabei zu dem Ergebnis, daß sich etwa 2,5% des Kohlenstoffs und etwa 8% des Stickstoffs in der Biomasse des betreffenden Bodens befinden. Dies besagt, daß die Mikroflora im oberen Krumenbereich etwa 108 kg N, 83 kg P, 70 kg K und 11 kg Ca je Hektar aufweist. Bei einer Krumenmächtigkeit von 30 cm Bodentiefe würden sich demnach diese, sich stets in Ab-, Um- und Aufbau befindenden, meist leicht mineralisierbaren, d. h. meist sehr mobilen Pflanzennährstoffe, möglicherweise noch verdoppeln.

Die produktionsbiologisch wichtigsten Merkmale der Bodenkleinlebewesen ergeben sich aus dem Verhältnis ihrer physiologisch aktiven sehr kleinen Körpermasse zu ihrer sehr großen Körperoberfläche.

Die Bodenbakterien stehen wegen ihres diesbezüglich sehr weiten Verhältnisses und auch wegen ihrer meist sehr hohen Besiedlungsdichte in der Mineralisierungs- und Syntheseleistung an der Spitze, im Vergleich zu bzw. im Gefolge von mikroskopischen Bodenpilzen, Algen, Protozoen und Kleinarthropoden.

Ein weiteres sehr wichtiges qualitatives Merkmal der Organismen der Bodenmikroflora ergibt sich aus der Fähigkeit, Enzyme zu bilden, die im Zuge der Humusab-, Humusum- und Huminstoffaufbauprozesse im Boden wirksam werden. Aus dieser Sicht verdienen die physiologischen Bakterien- und Pilzgruppen der Lignin-, der Zellulose- und der Eiweißzersetzer, die Nitrifikanten und Denitrifikanten sowie die frei und in Symbiose lebenden Luftstickstoffbinder ein besonderes Interesse.

Die qualitativen und quantitativen Merkmale der postmortalen organischen Bodensubstanz, des Humus, stehen neben den soeben aufgezeigten bodenbiologischen auch meist mit den natürlich gegebenen und kultürlich gestalteten physikalischen und chemischen Merkmalen des Bodens in enger Wechselbeziehung. So haben sich in Abhängigkeit von den natürlichen Standortbedingungen und der Bewirtschaftung für die einzelnen Böden bzw. Standorte über längere Zeiträume hinweg spezifische Humusgehalte und Humusvorräte, eine bestimmte Humusverteilung und Humusbeschaffenheit im Bodenprofil herausgebildet.

Die Ackerböden der DDR weisen in der Krume einen Humusgehalt von etwa 1–4% auf. Wird die 30 cm tiefe Krumentrockenmasse mit 4000 t/ha veranschlagt, so kann mit 40–160 t/ha Humus gerechnet werden.

Im Durchschnitt beträgt der Humusgehalt bei
- grundwasserfernen Sandböden 1%,
- grundwasserbeeinflußten Sandgleyen 2%,
- Sandlehm- und Lehm- sowie braunem Lößboden 2%,
- Lößschwarzerden 3%,

– Berglehmböden der kühleren und feuchten Lagen 4%,
– Anmoorglyen zwischen 15–30% und
– Moorböden über 30%.

Die qualitativen Merkmale des Humus können – wie einleitend bereits aufgezeigt, Abb. 1 – in Abhängigkeit von der Betrachtungsweise in Humusformen, in Humusbestandteile und in Humusarten untergliedert werden, wobei aus der Sicht der Bodenfruchtbarkeit sich die Qualität der Humusform von Rohhumus über Moder, zum Mull hin, die Qualität der Humusbestandteile von den Nichthuminstoffen zu den Humusstoffen hin und die Qualität der Humusarten von dem Nähr- zu dem Dauerhumus hin verbessert.

Charakteristisch für Menge und Güte des Humus ist des weiteren seine mit den Boden-, den Witterungs- und den Bewirtschaftungsverhältnissen in Verbindung stehende Jahreszeit- und Langzeitdynamik, aus der ein standort- und bewirtschaftungsintensitätsverbundenes, weitgehend stabiles Fließgleichgewicht resultiert, das als „Humusspiegel" bezeichnet wird.

Zahlreiche Fruchtbarkeitsmerkmale des Bodens, insbesondere aber der Wasser- und Lufthaushalt, die Bodenstruktur und die Krümelstabilität, die Kationen- und Anionensorption, die Bodenreaktion, das Redoxpotential und die Pufferung und nicht zuletzt die bodenbiologische Aktivität und das Nährstoffnachlieferungsvermögen werden von der Qualität, der Quantität und der Dynamik des Bodenhumus vorteilhaft beeinflußt. Eine Einschätzung des Edaphons und des Humus auf die Erhaltung und Mehrung der Bodenfruchtbarkeit kann nur über die komplexe Berücksichtigung der natürlich und kultürlich hervorgerufenen Bodeneinflüsse sachkundig beurteilt werden.

Abbildung 2 zeigt auszugsweise Ergebnisse eines polyfaktoriellen Modellversuches, mit dessen Hilfe einige besonders wichtige mikrobiologische Aktivitätsparameter natürlicher Bodeneinflüsse ermittelt wurden. Es ist zu erkennen, daß die Bakterien-, die Actinomyceten- und die Pilzbesiedlungsdichte sowie die von diesen gemeinsam bewirkte CO_2-Produktion bei den 3 wichtigsten Bodenarten (Sand, Lehm und Ton), den 3 Wasserkapazitätsstufen (25% WK, 60% WK und 95% WK), den 3 Temperaturstufen (7 °C, 21 °C und 35 °C), den 3 Humusgehaltsstufen (niedrig, mittel und hoch) und den 3 pH-Stufen (niedrig, mittel und hoch) spezifische Reaktionsnormen hervorbringen. Besonders groß ist der differenzierende Einfluß auf die Bakterien, Actinomyceten- und Pilzbesiedlung in Abhängigkeit von den in der Natur häufig vorkommenden Bodenarten, Wassergehalten und Bodentemperaturen. Diesen folgt die differenzierende Wirkung des Humusgehaltes und der Bodenreaktion. Organismenspezifisch – bei den Bakterien und Pilzen oft gegensinnig – ist die Reaktion auf die Besiedlungsdichte. Die von den Bodenorganismen global bewirkte CO_2-Produktion wird besonders von den ansteigenden Bodentemperaturen, Bodenwassergehalten und den kleiner werdenden Korngrößenfraktionen der Bodenarten befördert.

Innerhalb dieser von natürlichen Bodeneinflüssen bewirkten Reaktionsnormen bewegen sich meist die von den Bewirtschaftungsmaßnahmen induzierten kulturlichen Bodeneinflüsse, so besonders die des Pflanzenbaues, der Düngung und der Bodenbearbeitung.

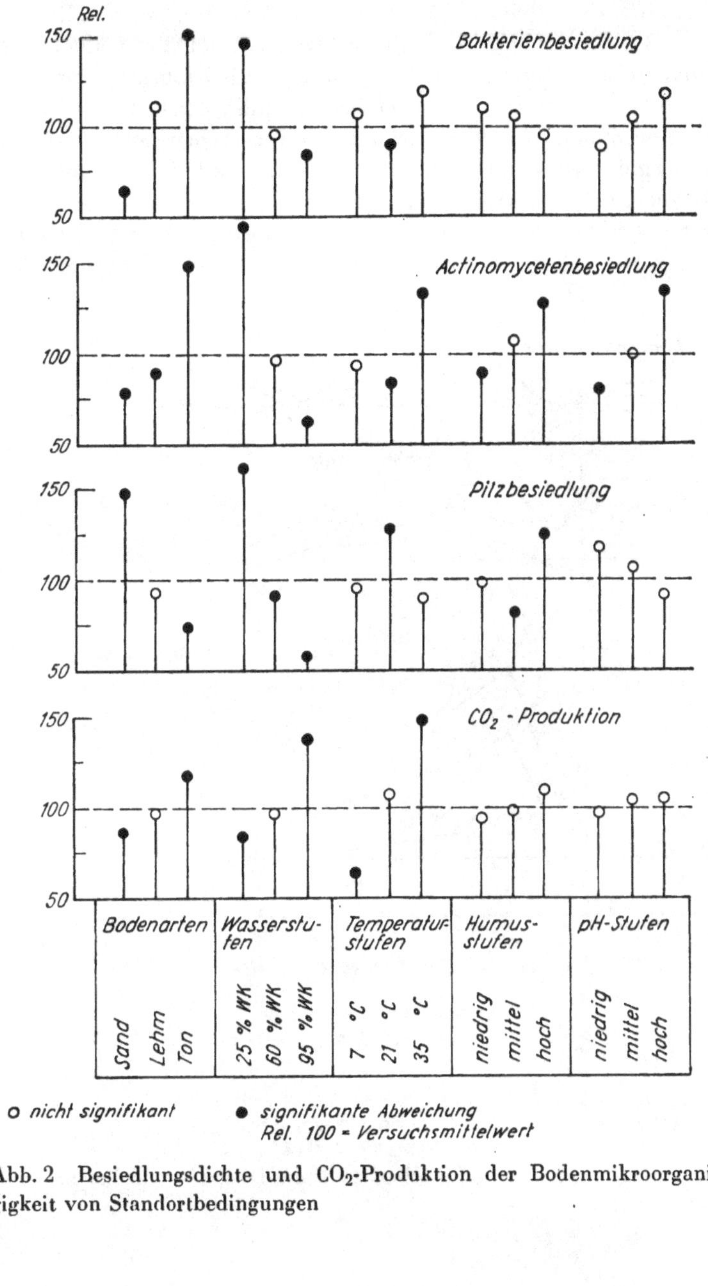

Abb. 2 Besiedlungsdichte und CO_2-Produktion der Bodenmikroorganismen in Abhängigkeit von Standortbedingungen

Abbildung 3 gibt die Ergebnisse der mikrobiologisch und humusdynamisch im Boden besonders wirksam werdenden Einflüsse von mehrjährigen Futterpflanzenbeständen wieder. Es handelt sich hierbei um einen langjährigen Feldversuch mit 11 Gräser-, 8 mehrjährigen und 5 einjährigen Leguminosen-Varianten sowie einer Schwarzbrache-Variante, der bereits 1952 auf Sandboden angelegt wurde. Die Kulturen wurden über 3 Jahre hinweg in Hauptfruchtstellung auf ihre bodenbiologische und humusdynamische Wirksamkeit hin geprüft. Nach Umbruch wurden die Varianten einheitlich mit Kartoffel und Hafer bestellt und solange auf die bodenbiologische und humusdynamische Nachwirkung der Futtervorfrüchte geprüft bis die vor Versuchsbeginn vorhandene bodenbiologische und humusdynamische Homogenität des Versuchsfeldes wieder eingetreten war.

Den aufgeführten Ergebnissen ist zu entnehmen, daß die geprüften Pflanzengruppen bereits in ihrem frühen Jugendstadium die Bakterien-, Pilz- und Klein-

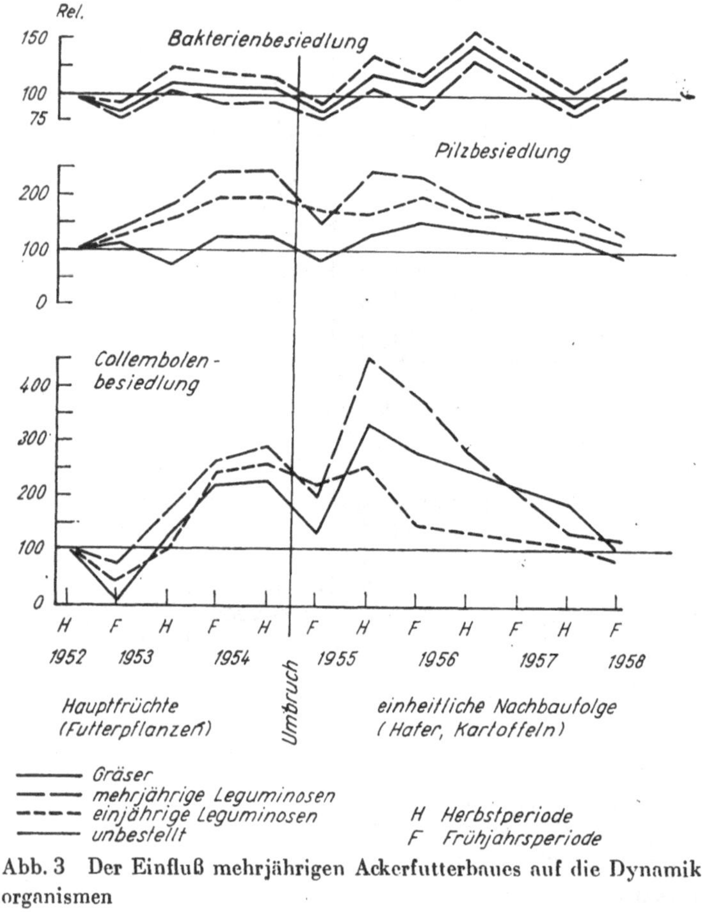

Abb. 3 Der Einfluß mehrjährigen Ackerfutterbaues auf die Dynamik von Bodenorganismen

tierbesiedlung des Bodens gruppenspezifisch veränderten. Hierbei bewirkten die luftstickstoffbindenden und deshalb einen eiweißreichen Humus liefernden mehr- und einjährigen Leguminosen eine sehr hohe, die zellulosereichen humusbildenden Gräservarianten eine mittlere und die keine neue Humusausgangssubstanz hinterlassende Schwarzbrache die geringste bodenbiologische und humusdynamische Aktivität und, damit verbunden, auch die geringste Nährstoffnachlieferung. Es ist des weiteren zu erkennen, daß die Futterpflanzenvorfrüchte, die ein pflanzengruppenspezifisches Nährsubstrat hinterlassen, das biologische Geschehen im Boden nicht nur im vitalen, sondern über Jahre hinaus auch noch im postmortalen Zustand (Nachbau) zu verändern vermögen. Was die Veränderung des Formenspektrums der Bodenorganismen durch unterschiedliche Futterpflanzen anbelangt, so erweisen sich Leguminosen als besondere Förderer der proteolytischen und nitrifizierenden Bakterien, während Gräser die zellulolytische Mikroflora stimulierten. Collembolen werden mehr durch Leguminosen, Milben durch Gräser in ihrer Vermehrung gefördert. Im Versuchsdurchschnitt folgen der Kohlenstoff- (C_t) und der Stickstoffgehalt (N_t) des Bodens und die Bodenatmung (CO_2) sowie der erzielte Pflanzenertrag der Nachfrüchte (Kartoffel und Hafer) — demnach also die wichtigsten Bodenfruchtbarkeitsmerkmale — der aufgezeigten Langzeitdynamik.

Über die Wirkung unterschiedlicher organischer und anorganischer Dünger bei alleiniger und kombinierter Anwendung und bei Einhaltung der Nährstoffäquivalenz auf den Pflanzenertrag, auf die Bodenorganismen und auf die Bodenhumusdynamik bei Lehmboden berichten die in den Abb. 4 und 5 aufgezeigten Versuchsergebnisse.

Die Nährstoffäquivalenz wurde erzielt, indem der Dunganfall eines Rindes zur Hälfte als Rottemist (Var. 9) und zur anderen als Gülle (Var. 4) aufbereitet und das dort ermittelte Nährstoffmengenverhältnis auch über die Mineraldüngervarianten (Var. 5 u. 10) dem Boden verabfolgt wurde. Alle Versuchsvarianten erhielten jährlich auch eine mineralische Grunddüngung in Höhe von 50 kg N, 20 kg P und 60 kg K/ha. Die organischen Düngermengen (300 dt/ha Rottemist oder 100 dt/ha Gülle oder 30 dt/ha Stroh) und die diesen äquivalenten mineralischen Düngermengen wurden jedes 2. Jahr verabreicht, so daß jedem Anwendungsjahr ein Nachwirkungsjahr folgte.

Die bei diesem Standardversuch erzielten Ertragsrelationen können der Abb. 4 entnommen werden. Obwohl ein äquivalenter Nährstoffaufwand in Form der Mineraldüngung in Variante 8 (NPK = Gülle + Stroh) und in 7 (NPK + Strohdüngung) im Anwendungsjahr die höchsten Ertragsleistungen hervorbrachte, ist dieser Nährstoffaufwand im Nachwirkungsjahr dem der Gülle (Var. 4), der Gülle + Stroh (Var. 6) und der Stallmistdüngung (Var. 9) unterlegen. Zwischen den organischen Düngervarianten ist die Gülle- (Var. 4) und die Gülle + Strohdüngung (Var. 6) der Stallmistdüngung (Var. 9) meist überlegen. Diese Überlegenheit geht aber, ähnlich wie bei den Mineraldüngervarianten im Nachwirkungsjahr bereits zugunsten des abbauresistenteren Stallmistes zurück, wobei der Unterschied zur Gülle + Strohdüngung gering ist.

Abb. 4 Ertragsrelationen in einem Dauerversuch mit nährstoffäquivalenten Düngermengen

Düngungsvarianten	Ertragsrelationen in den Anwendungs-jahren*	Nachwirkungs-jahren*
1. min. Grunddüng. (G)	100	100
2. G + Stroh	94	98
3. G + NPK (Stroh)	106	102
4. G + Gülle	118	110
5. G + NPK (Gülle)	130	102
6. G + Gülle + Stroh	118	108
7. G + NPK (Gü.) + Stroh	130	107
8. G + NPK (Gü. + Stroh)	131	106
9. G + Stalldung	113	112
10. G + NPK (Stalldung)	129	107

G = mineralische Grunddüngung
NPK = Mineraldünger entsprechend äquivalenter Nährstoffmengen der jeweiligen organischen Düngerform
Anwendungsjahre: 1966, 1968, 1970, 1972, 1974
Nachwirkungsjahre: Jeweils das 1. Jahr nach Anwend.
* = Mittel aus den jeweiligen 5 Prüfjahren

Wie der Abb. 5 zu entnehmen ist, werden die mikrobiellen — und darunter im Düngeranwendungsjahr die bakteriologischen — und im Nachwirkungsjahr die mykologischen — Besiedlungsdichten durch die organischen Düngervarianten signifikant erhöht. An der Spitze stehen die strohführenden Düngervarianten. Man erkennt auch, daß die mikrobiologische Besiedlungsdichte bei den nährstoffäquivalenten Mineraldüngungsvarianten, verglichen mit der nährstoffärmsten mineralischen Grunddüngervariante, ebenfalls erhöht werden konnte.

Eine Gesamtbetrachtung ergibt, daß sowohl die organische als auch die mineralische Düngung die Mikrobenbesiedlung des Bodens günstig gestalten, wobei die organische Düngung wegen ihrer direkten und indirekten Wirkung, d. h. wegen der direkten Zufuhr und der indirekt erhöhten Neubildung von Humus, die Besiedlung stark förderte und die mineralische Düngung sich bevorzugt nur über die soeben angedeutete indirekte Einflußnahme positiv auswirkte. Die zweifache Wirkung der organischen Düngung spiegelt sich auch im Nachwirkungsjahr wider, in dem die organischen Düngervarianten noch eine erhöhte Besiedlungsdichte zeigten, während die mineralischen bereits eine Gleichwertigkeit zur Grunddüngungsvariante erkennen lassen. Spezifische Besiedlungsabhängigkeiten zeichnen sich auch bei den organischen und mineralischen Düngervarianten bezüglich der proteolytischen und der zellulolytischen Bodenmikroflora ab.

Es konnte des weiteren der Beweis erbracht werden, daß sich auch die Bodenfauna, die Bodenatmung, die Lebendverbauung des Bodengefüges und die enzymatischen Aktivitäten (Dehydrogenase- und Ureaseaktivität) des Bodens in diesem Freilanddauerversuch spezifisch bei den Düngervarianten gestaltet haben.

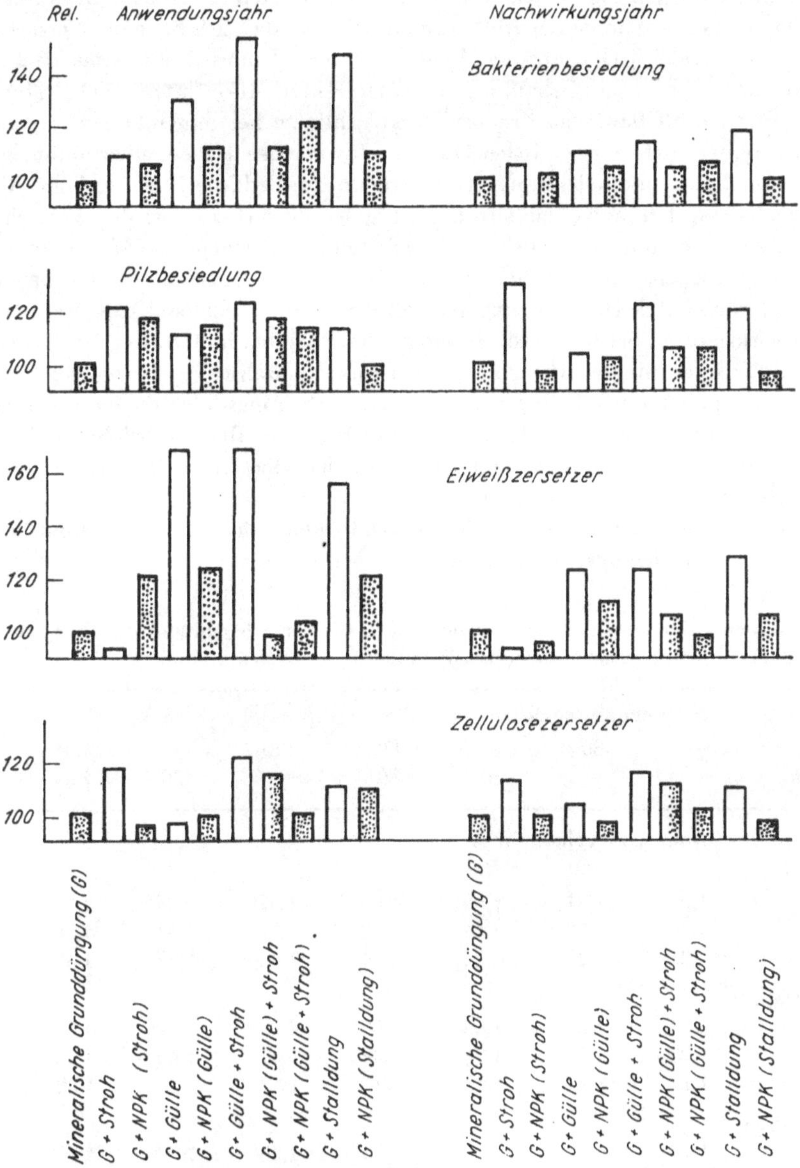

Erläuterung der Düngungsvarianten s. Abb. 4

Abb. 5 Besiedlungsdichte der Mikroorganismen in einem Dauerversuch mit nährstoffäquivalenten Düngermengen

Über den komplexen Einfluß von Fruchtfolge-, Düngung- und Bodenbearbeitungsmaßnahmen auf die Dynamik der Menge und Güte des Bodenlebens und des Bodenhumus berichten die in den Abb. 6 u. 7 aufgezeigten Ergebnisse eines Standardfreilandversuches. So ist der Abb. 6 zu entnehmen, daß sich bei einer Versuchsfläche, die ursprünglich Dauergrünland darstellte, nach Umbruch und einer danach 10 Jahre lang währenden Bebauung mit einer reinen Ackerfutter-, einer reinen Halm + Blattfrucht- bzw. einer reinen Hackfruchtfolge bei mineralischer, organischer bzw. mineralisch + organischer Düngung sowie einer flachen, einer optimalen bzw. einer tiefen Grundbodenbearbeitung sehr unterschiedliche Humusgehalte (C_t) eingestellt haben, d. h. auch, daß sich im Laufe der Versuchszeit bei den Versuchsvarianten eine sehr unterschiedliche Humusdynamik vollzogen hat. Man erkennt, daß der ursprüngliche Humusgehalt von 1,47% der nach Überführung des Dauergrünlandes in eine Ackerlandnutzung generell eine Humusgehaltssenkung erwarten ließ, am wirksamsten bei der reichlich organische Substanz hinterlassenden Futterfolge bei intensiver mineralischer, organischer und mineralisch + organischer Düngung und bei flacher sowie bei optimaler Bodenbearbeitungstiefe gesteigert werden konnte. Bei den analogen Versuchsvarianten der Halm- + Blattfruchtfolge zeichnet sich noch eine humuserhaltende und bei denen der Hackfruchtfolge bereits eine ausgeprägte humussenkende Tendenz ab.

Bei einer Bodenbearbeitung von 35 cm Tiefe kann der Humusschwund mit Fruchtfolge- und Düngungsvarianten nicht behoben werden.

Abb. 6 Kohlenstoffgehalte der Ackerkrume nach 10 Versuchsjahren in Abhängigkeit von Düngung, Fruchtfolge und Bodenbearbeitung

	N-Düngung (kg N/ha)						
mineralisch	—	80	—	80	120	—	120
organisch	—	—	80	80	—	120	120
	Kohlenstoffgehalte in %						
Futterbau							
15 cm	1,39	1,41	1,56	1,58	1,42	1,64	1,67
25 cm	1,30	1,32	1,44	1,46	1,33	1,51	1,54
35 cm	1,21	1,23	1,32	1,34	1,24	1,37	1,40
Blattfr./Halmfr.							
15 cm	1,33	1,37	1,46	1,50	1,39	1,52	1,58
25 cm	1,25	1,29	1,35	1,39	1,31	1,40	1,46
35 cm	1,16	1,20	1,23	1,27	1,22	1,26	1,32
Hackfruchtbau							
15 cm	1,19	1,23	1,31	1,35	1,25	1,37	1,43
25 cm	1,13	1,16	1,21	1,25	1,18	1,26	1,32
35 cm	1,06	1,10	1,11	1,15	1,16	1,15	1,21

C-Gehalt vor Versuchsbeginn in 15 cm Bodentiefe 1,47%

Abb. 7 Prozentualer Anteil von Huminsäurekohlenstoff am Gesamtkohlenstoff nach 10 Versuchsjahren

Düngungsvarianten	Ct%	NeS	FS	HYS	BHS	GHS
NPK	1,67	44,4	18,0	7,25	18,3	15,1
Stroh	1,80	45,8	17,3	6,08	17,0	13,8
Gülle	2,11	47,0	18,0	3,93	15,8	17,2
Gülle + Stroh	2,49	48,9	16,0	7,30	14,3	18,5
Rottemist	2,11	52,1	15,0	2,39	14,1	16,4

NeS = nichtextrahierbare Substanz
FS = Fulvosäuren
HYS = Hymatomelansäuren
BHS = Braunhuminsäuren
GHS = Grauhuminsäuren

Die in Abb. 7 aufgezeigten Ergebnisse berichten, daß sich bei unterschiedlichen organischen und mineralischen Düngungsmaßnahmen auch die Qualitätsmerkmale der Humussubstanzen spezifisch verändern. Während der Mineraldünger bevorzugt die Bildung von Huminsäurevorstufen, d. h. die Bildung von Fulvo-, Hymatomelan-, und Braunhuminsäuren förderte, hinterläßt die Gülle- und die Rottemistdüngung bevorzugt sehr wertvolle Grauhuminsäuren.

Der 100 Jahre alte „Ewige Roggenbauversuch Halle" läßt interessante Betrachtungen bezüglich des bodenmikrobiologischen Einflusses einer Monokultur bei unterschiedlichen anorganischen und organischen Düngervarianten zu.

Es wird, siehe Abb. 8, der Beweis erbracht, daß langjährige anorganische Düngung, verglichen mit langjährig organischer Düngung, bei fast gleich hoher pflanzlicher Ertragsleistung besonders die quantitativen (Besiedlungsdichte) und kaum die qualitativen (Formenspektrum) bodenbiologischen Kennwerte beeinflußte. Bei einseitiger anorganischer Düngung (nur N oder nur PK) konnte ein negativer Einfluß auf Bodenbiologie und Bodenfruchtbarkeit beobachtet werden.

Die bisher aufgezeigten Gesichtspunkte und Ergebnisse dienten bevorzugt einer realen Beurteilung der von einer oder nur von einigen natürlichen oder/und kultürlichen Einflußgrößen bewirkten Reaktionsnormen auf die vitale und postmortale organische Bodensubstanz und die Bodenfruchtbarkeit.

Eine globale natur- und wirtschaftswissenschaftliche Betrachtung über die Erhaltung und Mehrung der Bodenfruchtbarkeit und des Bodenschutzes aus der Sicht der organischen Bodensubstanz und der Pflanzenproduktion vermittelt erst die Einbeziehung dieser Problematik in den biologischen Stoffkreislauf landwirtschaftlich genutzter Böden. In Ermangelung einer exakten mineralischen und organischen Stoffbilanzierung für landwirtschaftlich genutzte Standorte bleiben Modellvorstellungen für eine solche Betrachtung von Bedeutung.

Ein solches Denkmodell ist in Abb. 9 wiedergegeben. Danach gründet sich der biologische Stoffkreislauf landwirtschaftlich genutzter Böden auf zwei Hauptbetriebskräfte:

- die Syntheseleistung der höheren Pflanzen und
- die mineralisierende Leistung der Mikroorganismen.

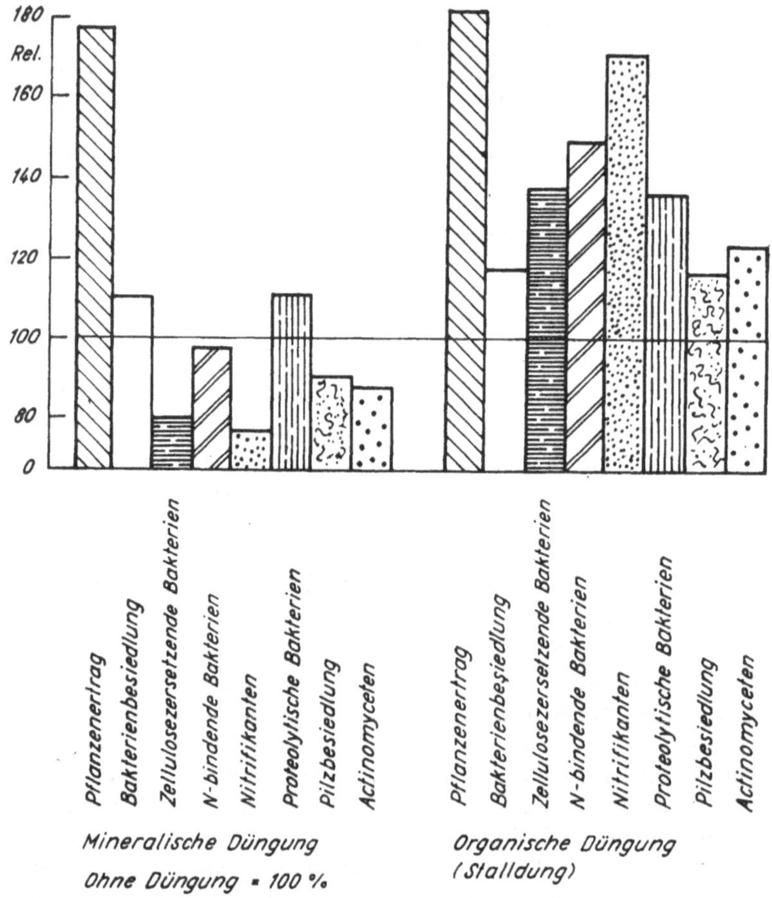

Abb. 8 Einfluß von Roggenmonokultur, mineralischer und organischer Düngung auf den Pflanzenertrag und typischen Bodenmikroorganismen

Synthese und Mineralisierung werden von der Quantität und Qualität der an einem Standort vorhandenen pflanzenaufnehmbaren Nährstoffe bzw. mikrobiell verwertbaren Humussubstanzen beeinflußt, die ihrerseits wiederum aus den oben bereits behandelten natürlich gegebenen und kultürlich gestalteten Standortmerkmalen resultieren. Die Auswirkungen dieses komplizierten Wechselspiels zeigen sich in der Dynamik der Prozesse im Kreislauf sowie in der Quantität und Qualität der einbezogenen bzw. anfallenden Substanzen. So haben sich in Abhängigkeit von den Umweltbedingungen im Laufe der Zeit Standorte mit unterschiedlichem, jedoch standortspezifischem Kreislaufgeschehen herausgebildet. Je nachdem, ob an einem Standort die Aufbau- oder die Abbauprozesse vorherrschen, wird im Boden eine Anreicherung oder eine Abnahme organischer Substanz zu verzeichnen sein. Viel-

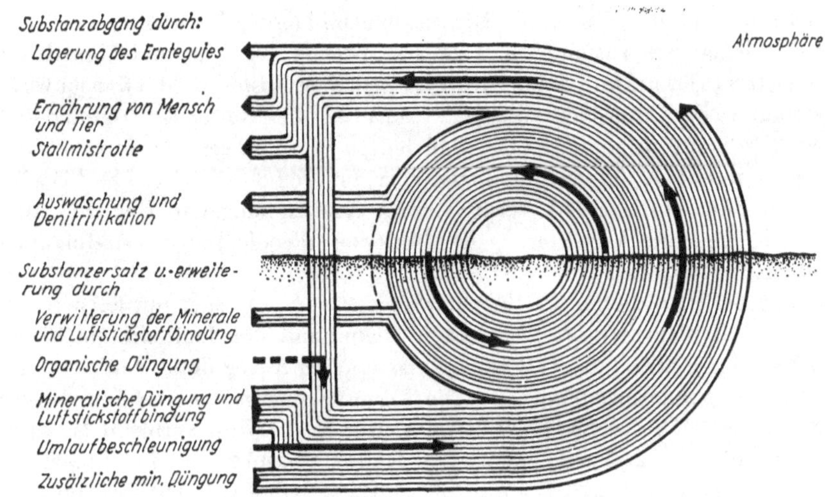

Abb. 9 Der biologische Stoffkreislauf landwirtschaftlich genutzter Böden aus der Sicht der Humuswirtschaft und der Pflanzenproduktion

fach wird in diesem Zusammenhang von einem „Gleichgewichtszustand" der Auf- und Abbauvorgänge gesprochen, der auch einen gleichbleibenden Humusgehalt im Boden zur Folge hätte. In der Realität existiert ein solcher „Gleichgewichtszustand" nur scheinbar, da bei Langzeitbetrachtung weder die natürlichen und noch weniger die kultürlichen Gegebenheiten für den Auf- und Abbau der organischen Substanz so ausgewogen sind, daß eine Dynamik vermeidbar wäre. Es handelt sich demnach mehr um ein Fließgleichgewicht mit einem humuszu- oder humusabnehmenden Langzeittrend.

Je länger und intensiver Flächen bewirtschaftet werden, desto mehr hat man sich mit den Gesetzmäßigkeiten des biologischen Kreislaufes zu befassen, da streng genommen dieser Kreislauf die landwirtschaftliche Produktion gewährleistet. Bereits eine kurze Überprüfung der am biologischen Kreislaufgeschehen beteiligten Faktoren besagt, daß die natürlichen Standortfaktoren, wie der Witterungsverlauf, das Bodenrelief, das von der Bodenart Sand, Lehm oder Ton abhängige Bodenluft- und Bodenwasserregime mehr oder weniger als gegeben hingenommen werden müssen und daß bei der gewünschten Beeinflussung diese sachkundig berücksichtigend die zu treffenden Kulturmaßnahmen, wie die Bodenbearbeitung, die Düngung und die Fruchtfolgegestaltung, einzuleiten sind.

Die Kreislaufproblematik kann, wie aus Abb. 9 ersichtlich, in zwei Komplexe, in den Teilkomplex des Substanzabganges und in den des -ersatzes bzw. der -erweiterung, unterteilt werden.

Die Verluste der an einem Standort produzierten organischen Masse bei der Lagerung des Erntegutes sind im allgemeinen noch zu hoch, sie betragen etwa 10%. Der Substanzabgang über die Ernährung von Mensch und Tier ist ebenfalls sehr hoch;

er beträgt etwa 45% des Erntegutes. Die Substanzminderung innerhalb dieser 45% kommen auch dadurch zustande, daß die Exkremente von Tier und Mensch oft nicht verlustarm rückgeführt, sondern wegen zu hoher Kosten produktionsunwirksam beseitigt werden. Auch die Substanzverluste bei der Rottemistbereitung sind mit etwa 35% meist zu hoch. Bei der Güllebereitung und -lagerung sind die Substanzverluste mit etwa 20% zwar geringer, aber die produktionswirksame Verwendung ist oft nicht optimal. Die Verluste durch Auswaschung und Denitrifikation werden meist über die Verwitterung der Minerale und die Luftstickstoffbindung kompensiert.

Geht man bei Betrachtung der Substanzbilanzierung von einer mittleren Richtzahl von 60 dt produzierter Trockenmasse je Hektar aus, so beläuft sich ein 10prozentiger Lagerungsverlust auf 6 dt Trockenmasse. Nach Abzug dieses Verlustet verbleiben für die Ernährung 54 dt TM. Die Verluste innerhalb der Nahrungskette machen mit etwa 45% weitere 27 dt TM aus. Der Rest (27 dt) verbleibt als rückzuführende Substanz in Form organischer Dünger. Nimmt man bei Stapelmist einen Rotteverlust von etwa 35% an, so verbleiben 17,5 dt TM (70 dt Frischmasse). Dies sind ungefähr 29% des ursprünglichen Erntegutes. Nur diese Restmenge kann dem Boden wieder zugeführt werden.

Wie aus Abb. 9 weiter zu ersehen ist, besteht über Substanzersatz und Substanzerweiterung die Möglichkeit, die Verluste im Kreislauf wieder aufzuheben und diesen zu erweitern.

Zusammenfassend ist demnach festzustellen, daß bei intensiver Pflanzenproduktion der Substanzabgang über die organische Düngung allein nicht ersetzt werden kann. Die nicht vermeidbaren Verluste müssen über die Mineraldüngung und den Anbau von Leguminosen (Luftstickstoffbindung durch Rhizobiumbakterien) ersetzt werden. Die letztgenannten Formen der Nährstoffzufuhr stellen somit die zur Zeit bekannten einzigen Möglichkeiten dar, den biologischen Kreislauf der Stoffe landwirtschaftlich genutzter Böden aufrecht zu erhalten und zu erweitern.

Die kontinuierliche Ertragssteigerung in den letzten einhundert Jahren hätte nicht erreicht werden können, wenn neben der sachkundigen organischen Düngung nicht auch die Mineraldüngung die Verluste ersetzt und über zusätzlichen Aufwand an Nährstoffen die erweiterte Reproduktion der Bodenfruchtbarkeit und damit auch des Bodenschutzes gesichert hätte.

Literatur

[1] Gieseking, E. (1975), Soil Components Vol. 2. Springer Verlag Berlin.

[2] Müller, G. (1980), Bodenkunde VEB Ldw. Verlag Berlin.

[3] Anderson, I. und Domsch, K. (1980), Quantities of plant nutriens in the microbial biomass of selected soils: Soil Sci: Baltimore MD. 130, H.S. 211–216.

FSC
www.fsc.org
MIX
Papier | Fördert gute Waldnutzung
FSC® C083411

Zeitfracht Medien GmbH
Ferdinand-Jühlke-Straße 7
99095 Erfurt, Deutschland
produktsicherheit@kolibri360.de